U0247836

拉斐尔·莫尼欧
RAFAEL MONEO

世界著名建筑大师作品点评丛书
（意）马尔科·卡萨蒙蒂 编著
Marco Casamonti

殷欣 译

大连理工大学出版社

Rafael Moneo

by Marco Casamonti

©2007 Motta Architettura srl, Milano

The translation of Rafael Moneo is published by arrangement with MOTTA ARCHITETTURA srl

© 大连理工大学出版社 2014

著作权合同登记06–2008年第02号

图书在版编目(CIP)数据

拉斐尔·莫尼欧 / (意) 卡萨蒙蒂 (Casamonti,M.)

编著;殷欣译. — 大连：大连理工大学出版社,

2014.6

（世界著名建筑大师作品点评丛书）

书名原文: Rafael Moneo

ISBN 978-7-5611-8144-7

I.①拉… Ⅱ.①卡… ②殷… Ⅲ.①建筑设计—作

品集—意大利—现代 Ⅳ.①TU206

中国版本图书馆CIP数据核字（2013）第192479号

出版发行：大连理工大学出版社
　　　　　（地址：大连市软件园路80号　邮编：116023）
印　　刷：利丰雅高印刷（深圳）有限公司
幅面尺寸：192mm×258mm
印　　张：7.5
插　　页：4
出版时间：2014年6月第1版
印刷时间：2014年6月第1次印刷
责任编辑：初　蕾
责任校对：仲　仁
封面设计：张　群

ISBN 978-7-5611-8144-7
定　　价：48.00元

电　话：0411-84708842
传　真：0411-84701466
邮　购：0411-84708943
E-mail：dutpbook@gmail.com
URL：http://www.dutp.cn

如有质量问题请联系出版中心：（0411）84709246　84709043

RAFAEL MONEO

目 录

图
片
展
示

引言

拉斐尔·莫尼欧

莫尼欧：技巧的严格

只有纵览了拉斐尔·莫尼欧（Rafael Moneo）的全部作品集，人们才能体会到其设计的多样性和复杂性。在四十年的职业生涯中，这位建筑师将自己不知疲倦的研究和探索，全部投入在了这些已建成或尚未建造完毕的作品上。时至今日，他的设计作品共达130件，其中有80项已经在世界各国得以实施建造。另外还包括几十篇理论著作和样稿。此外，拉斐尔·莫尼欧多年来还积极参与大学的各种活动。

这些数字证明了莫尼欧在建筑上的旺盛精力、执着和忠诚，但除此之外更重要的是，我们需要关注大师作品中所包含的智慧、高超技巧以及严苛的法则，正是由于有了它们的存在，每一件旨在艺术和智慧两方面均得以实现的作品，才更加突出并且强调了自身存在的必然性。然而，在一项具有连贯性的个人研究之中，每一个成果都是来自于不断进行试验的意愿想法，每一件图稿，每一块砖石，都拒绝走任何捷径，拒绝更舒适的方案，譬如向时下所流行的建筑特色靠拢，而有时，这些流行会出现在某些国际建筑作品之上。

莫尼欧以和蔼而谦逊的态度，践行着这种严苛的深度。在此基础之上，每一个作品都是全新的，就像一长串的清单，"……害怕，并对于总是采用一种特定语言来工作感觉到困难"。但是，在方法和逻辑上又存在着一个绝对的持续性，这种持续性融合在了他的每个作品以及技术或建筑结构的全部细节之中。在我们最近一次交谈当中，莫尼欧坦言："我对于提前知晓我的下一个工作要做什么毫无兴趣，相反，我试图让自己走过去，直接面对桌上所摆放着的纸页；这种毫无准备，躲避开'那就是将要做'的心理，保持了这种职业最迷人的特质。建筑学的这种'差异性'，也就是所要展开工作的环境发生变化，从而带来的'多样性'，正是我想要颂扬的。"如何解读和分析

莫尼欧的建筑在理论阐述和实际施工两方面的特点，关键在于懂得其中的"切合性"：每个方案与主题切合，每项设计与背景切合，每种建筑材质与其使用方式及特性切合。就是通过这样的方式，每个建筑作品通过所展现的外在，完美地诠释出了它所处的地点、城市的风貌，而莫尼欧总是能够在它们之间建立起一种紧密的、全新的关联。正是因为这样，在那些建筑作品的设计效果图当中，我们可以看到梅里达市的国家古罗马艺术博物馆的砖石体现出了古典主义；在穆西亚市政府大楼的正面，石头柱廊的线条勾勒出了在20世纪发展到顶点的"理性主义"；位于圣塞瓦斯蒂安海湾边的库赛尔音乐厅与会议中心则通过它的玻璃外罩，传递着它的超现实主义风格；莫尼欧希望表达出建筑在主题、历史、各地的地理特征等方面塑造的多样性，他的这一意愿不断地在手稿中体现出来，如果上述例子还不足够说明这一点，那么这个名单还可以一直继续罗列下去。

面对着这些各不相同的"外在条件"，莫尼欧遵从了他自身所具有的理性天赋：他的天赋让他能够持续有效地发现一个建筑项目将可能在各方面出现的问题。在任何一个新的岗位上，面对任何一个新项目，在任何工作地点，他都像在用实际行动回答一个反复出现的问题："你，看到了什么？"在多年的工作中，莫尼欧利用时间以及其自身的智慧，以一种发自本能的精神坚持着创作中唯一真实的确定性：在工作中不怕失败，减少紧张，摒弃虚假，尽量避免主观判断。莫尼欧解释说："在设计当中，总有一个最初的时刻，在这个时刻，你并不清楚自己想要到达什么地步，你所能做的只是跟随直觉的牵引，这是最紧张的时刻之一，但同时又是十分美丽的时刻，往后，你就能看见，事物是怎样自顾自地变得明晰透彻，一步一步地走向精确，这就是设计不断

成长所能带给人的愉悦欢欣；当你超越了问题时，你就能找到更大的满足感，而最初的理念此时则又重新浮出水面，这即是'答案'。还要重视的一点是，在建筑成长的过程中，作品会显示出一种对于'完整性'的抗拒。完整性是只有当建造到了尾声的时候方才到来的一样事物，只有到了那时，设计'自行隐匿'，而建筑则被设计中潜藏的强烈的展现欲赋予了生命，最终的成品才变得栩栩如生起来。就好像你所面对的这件作品，一直在奋力抗拒过早将所蕴藏的惊喜感展现，因为这种惊喜感是建筑为长期从事这一行业的人们所保留的。"

总之，如果说莫尼欧的每一个设计总是全新的和与众不同的，那么人们又可以轻易发现，每一个设计中都包含着对上一个作品成果的承袭，同时，其中新衍生出的各种关于空间、实体、建筑的含义，相互折射出了一条不断演变进化的思维链条，人们能够看到莫尼欧的这条思维链条上的深刻本质与特点。例如，洛杉矶的天使圣母大教堂，其正面外观使用了带色混凝土并将其打磨光滑的这一点，就借鉴了米罗基金会美术馆建造时的研究方案，同样，梅里达市国家古罗马艺术博物馆正面所采用的砖石效果，之前已经在Bankinter银行项目上试验过了，不过前者的屋顶设计从银行的金字塔锥形变为了六面的灯笼状外观，这样，就好像在屋顶架了一台可聚拢和传播光线的机器，莫尼欧已经将这一发明用于他的诸多设计上，从在瑞典和美国设计的博物馆，直到西班牙唐贝尼托的小型文化活动中心。这条思维链条的演变进化实则是一项精心推进的工作，持续向前，不断回溯。在这里，每一件作品都不会在内部穷尽，而是将自身的创新与发展传承给了接下来的新作品。

最近竣工的马德里妇产儿童医院的建筑外壳大量使用了玻璃材质，这体现了对透明度、光线的折射和半透明效果的要求，同时也展现了建造者对卫生医疗建筑这一环境主题的出众的适应能力。这种玻璃外壳的设计能够带来与众不同的感官触觉，之前已经在圣塞瓦斯蒂安的库赛尔音乐厅与会议中心项目上进行了实践。

只需观察一下莫尼欧作品的图片顺序，就很容易直观地了解到建筑材料所占据的重要地位和拥有的特别价值，借用莫尼欧的话便可以解释他对建材的这种"忠贞"："为了解释这一概念，我常会参考同行的一些关于抽象建筑的作品。例如彼得·埃森曼，他在过去常常谈论到，建筑与材料本身没有关系，并且由于这种无关联性，建筑才得以找到它外在结构的抽象本质；与其相反，我却一直认为，材料本身才是建筑的本质所在，也就是说，建筑在实体上所承载的内涵大过于内在的概念。假如梅里达市国家古罗马艺术博物馆的外墙采用的是灰泥而非砖石建造，它将完全会是另外一个建筑。而像Bankinter银行大楼这样的建筑，如果不使用陶土进行混合建造，它的外表结构则完全无法想象，窗洞处也不能够达到所要求的厚度。所以说，材料才构成了建筑的内在本质。"

按照这个思路，在对美国建筑作品进行分析之后，例如卫斯理学院戴维斯艺术博物馆，重点转到了给出关于城市规划的明确答案的必要性上来。首先是对建筑空间面积的感觉和价值进行精确的测算，因为这一空间面积将会成为建筑的本质所在。相比欧洲，在美国如休斯顿等地，在建筑空间面积方面所存在的特点，可能会使得之前关于建筑材料的回答变得不那么明确和必要了。特殊的例外只有洛杉矶的天使圣母大教堂，在那里，尽管城市环境规范定义了内在的建设，材料依然重新成为了建筑的主角，在它的内部和外部占据了同样大的比重。假若没有这个根本性的选择，建筑的美也许将会消失殆尽。然而，在天使圣母大教堂中，各个部分融合成了一个和谐的整体：从钟楼到正面外观，从半圆形的后殿到前部的空地，直至整个教区内的建筑群。这些建筑群占据的大片面积是整个城市规划中的重要角色。从医院到教堂，从酒窖到博物馆，从居民区到会议中心，从办公楼到剧院，从火车站到机场，莫尼欧的每一件建筑作品都突出了形式上的差异，也传达出了他对于不同材料、空间，以及当代建筑样式进行尝试的强烈意愿。

在新近的一些作品中，莫尼欧开始了新的尝试。通过对起伏和连续的建筑外廓进行研究，莫尼欧提出了一个想法，他希望通过凹凸的线条，对尚未明确的设计效果图进行分析。最初的建筑形象只是诸如圆弧形或六边形的一些印象碎片，通过对这些复杂的几何图形进行拼接合并，可以塑造出一个独特的建筑外廓，最终的形象能够展现出建筑自有的特殊的内在能量。

举个例子来看，如位于西班牙威斯卡市的Beulas基金会大楼，其稳固的外形将立体几何学法则的应用发挥到了极致，从而展现了它能够与周围环境和自然建立起一种协调的关联秩序。大楼自身的结构和四周存在的流动性相互融合，从而衍生出了一片能够创造美与内在力量的空间，而大楼轻盈的混凝土外观在空气中传递出一种轻巧灵敏的气息，这种气息使这座建筑所拥有的内在力量显得愈加强大。

在比利时鲁汶大学图书馆的设计中，莫尼欧将建筑泥灰墙的白色与砖石进行对比，并通过灯光与表面凹凸之间的相互衬托，传递出了一种建筑的延展性，并且由此表达出了建筑内在表现形式的"自主性"。

与之相反的是位于西班牙桑坦德省坎塔布利亚市的新政府办公楼，这一建筑方案所诠释的主题是一种更为严格的立体几何学法则，采用它的目的在于发掘出这座半透明的整体建筑的动人之处。这处拥有独特外观的建筑承担了作为城市布局中一个独立元素的作用，正是由于这种不落窠臼的"自主性"，对比整个城市背景来说，它显得更具独立性和个性，一眼便可识别。

尽管如此，对莫尼欧来说，最初的设计理念并不一定能够最终获得想要的特定成果。实际上，一个可定义的过程到了最后阶段，产生的往往并非是先前想要的结果，相反会是一个下意识的发明创造的结果，是建筑形式随心所欲的一种自觉表达。对不同建筑材料的使用进行对比分析，可以知晓各个设计之间的差异所在。莫尼欧在固定的城市大背景下进行创作时，这种差异性体现得更为明显，而在面对城市的现实性时，它又显得愈发基础和重要。在城市的现实之中，延续性和环境的预设性这一主题正在淡化，因此，所选择的每个设计在对比所处的背景时，自然变得更加独立起来。

美国城市典型的非连贯性让建筑作品带有了独特的自主性，而与此相反，在穆西亚、圣塞瓦斯蒂安、梅里达、潘普洛纳和马德里等城市，作为城市明确组成部分的建筑则受到外在环境的约束。

休斯顿市艺术收藏博物馆的设计提出了一个关于"展览"空间的概念，它就如同一个当代工厂，对于内部空间的气候条件要求十分严苛，对于这栋在内部"孕育生命"的建筑来说，这种内在气候发挥了核心作用。

而穆西亚市政府大楼的设计精髓在于它所容纳的广场以及对面的教堂，视野中可见一幢石柱围绕的竖式建筑；休斯顿的建筑在设计时，都没有将"正面"作为设计主题的重点进行强调，因为从正前方没有可能观察到建筑的每个侧边，建筑与城市空间没有一个直接的关联性，与周围街道的关系仅仅因为交通和车辆的使用而存在，这便是勒·柯布西耶（Le Corbusier）所谓"房屋是居住的机器"理论的一种体现。

而在古典主义主题方面，除了之前提到的梅里达市国家古罗马艺术博物馆，西维里亚市机场的设计也通过对柱子和拱形的利用，使古典主义散发出了强烈的自我表达气息，这种独特的风格也以一种平衡的方式出现在了莫尼欧的其他项目上。古典主义与建筑的现代性紧密契合，这成为莫尼欧设计中一个不可更改的元素，也由此不断诞生出对古典与反古典主题进行探索和适应的作品。同样，机场的设计体现出设计者对差异性的追求大过和谐统一，因而在建筑物和飞机之间建立起了一种鲜明的风格对比。设计采用了将现代机械风格与历史并重的概念，古典主义元素被混合在了庞大的整体构造之中，而这种混合并没有以艺术设计的方式出场，而是分布在了诸如机场出入口等地点之中，象征着一种功能性的升华，并营造出了迎接旅客和欢迎参加旅行的良好氛围。

这是唯一一个将停车场设在了橘园内的机场。因此，当车辆进入时，人们可以感觉自己仍然身处与西维里亚市内相同的气氛之中。这就是为何它所展现的不是披着华丽外衣的纯古典主义，而是对一种符合当代精神的生活特点和方式的诠释，一处渴望被看作拥有这种精神的建筑场所。同样，穆西亚市政府大楼的朴素低调与理性，体现的也不是纯正的古典主义，而是一种将沉重的归属感投射到建筑上的抽象的特点。它的设计构想包括墙上雕刻的神龛、喷泉，以及古罗马剧场舞台的遗迹，这些都是留在建筑师脑海中最深刻的印记，正因如此，莫尼欧才产生了这一意愿，即将从维特鲁威到阿尔伯蒂，再到加德拉的整个建筑史的大事件在墙壁上通过画面片段的形式进行重现，他希望通过这种方式对这些大师们表达自己一直以来的崇敬之情。

现代性对于莫尼欧来说，是空间面积对历史的复述，是每一个建筑时期的新的延续，是对改变的渴望和对新鲜事物的追寻，这种新鲜是所有文化运动和思潮的特点。拉斐尔·莫尼欧本人强调说："现代性之所以吸引我，无疑在于它的乐观主义，而绝非它的技术，并且从某种意义上来说，像在修建圣母百花大教堂的圆顶或伟大的歌特式教堂的年代里，技术不再掌握在建筑师手中了。"尽管这位建筑师获得了包括普利策奖在内的众多殊荣与认可，但在国际建筑界内，仍然被评论为与许多当代建筑大师之间尚存在一定的差距。莫尼欧坦言："在某些时候，我眼中只看到自己，这也是我的苦恼所在。但同时存在的另一个事实是，我能够向其他人提出一个与时下主流相逆的观点。从这个意义上来说，毫无疑问，我的设计能够为他们的工作提供一些答案或者帮助。我之所以如此还有另一个原因：我仍然对看清我周遭的一切事物存有好奇心，我并非完全抵触这些争议，相反，对于争议我并不完全排斥，我觉得很重要的一点是，要以开放的心态面对各种各样的争议并感受它们，然后做自己应该做的就够了，即使依然是与主流所希冀的愿望不相吻合。"

对页图
洛杉矶天使圣母大教堂
内景

按时间顺序排列的大事记和作品列表

1937年　出生于西班牙图德拉市

1956年　学习期间在马德里Javer Sàenz de Oiza学院实习工作（至1961年）

1961年　毕业于马德里建筑高等学校（ETSA）建筑系

1963年　获得西班牙美术学院的奖学金，留学罗马

1965年　回到马德里，开始个人职业生涯

1965年　萨拉戈萨市Diestre变压器工厂（1968年完成）

1966年　在马德里建筑高等学校（ETSA）从事学术活动（至1970年）

1968年　圣塞瓦斯蒂安Urumea居民区建筑工作（1972年完成）

1970年　于马德里建筑高等学校（ETSA）巴塞罗那校区教授建筑构造原理
　　　　与人合作创办杂志《Arquitectura-Bis》

1973年　西班牙洛格罗尼奥市政府建筑（1981年完成）

1976年　分别于纽约建筑城市学院、纽约柯柏联盟学院、马德里建筑高等学校（ETSA）从事教学工作

1980年　梅里达市国家古罗马艺术博物馆（1985年完成）
　　　　西班牙银行哈恩市支行（1988年完成）
　　　　普林斯顿大学和哈佛大学从事教学工作（至1984年），并于1990年担任哈佛建筑学院研究
　　　　院院长

1982年　马德里西班牙慈善救济机构办公楼（1988年完成）

1983年　西班牙塔拉哥纳Arquitectes学院主楼（1992年完成）

1984年　马德里阿托查火车站（1992年完成）

1985年　洛桑综合理工大学开设教学课程

1987年　西班牙塞维利亚市圣巴勃罗机场（1992年完成）
　　　　巴塞罗那对角线大厦（1994年完成）
　　　　巴塞罗那市音乐厅（1999年完成）

1988年　马萨诸塞州卫斯理学院戴维斯艺术博物馆（1993年完成）

1989年　马德里提森—博内米萨博物馆（1992年完成）

1990年　圣塞瓦斯蒂安库赛尔音乐厅与会议中心（1999年完成）
　　　　西班牙巴达霍斯省唐贝尼托文化活动中心（1997年完成）

1991年　斯德哥尔摩现代艺术与建筑博物馆（1997年完成）
　　　　帕尔马米罗基金会美术馆（1997年完成）
　　　　威尼斯利多电影宫
　　　　哈佛大学授予其建筑约瑟夫·路易斯·舍特教授荣誉称号
　　　　西班牙纳瓦拉胡利安·齐伟特酒窖（2001年完成）
　　　　卡尔布鲁克艺术专科学院扩建工作（2001年完成）

1992年　获得西班牙政府颁发的金质艺术勋章
　　　　穆西亚市政府大楼及广场的扩建（1998年完成）
　　　　美国休斯顿市艺术收藏博物馆（2000年完成）

1993年　柏林市凯悦酒店（1998年完成）
　　　　获得布鲁特建筑奖、纳瓦拉省政府授予的Viana王子奖、在斯德哥尔摩被Schock基金会和皇
　　　　家艺术学院授予Schock视觉艺术奖
　　　　西班牙阿维拉S.Teresa广场及停车场

1994年　瓦伦西亚市科学博物馆（1996年完成）

1995年　西班牙纳瓦拉潘普洛纳市档案馆
　　　　马德里普拉多博物馆扩建工作（2007年完成）

1996年　获得普利策建筑奖、国际建筑师协会金奖
　　　　洛杉矶天使圣母大教堂（2002年完成）
　　　　马德里Gregorio Marañón妇产儿童医院（2003年完成）
　　　　黎巴嫩贝鲁特洛斯·佐科斯酒店
　　　　美国马萨诸塞州贝蒙特Pollais之家

1997年　成为马德里圣费尔南多皇家艺术学院院士
　　　　比利时鲁汶大学校园图书馆（2002年完成）

1998年　参与西班牙银行扩建项目
　　　　获得意大利Lincei国家科学院颁发的费尔特里内利奖

1999年　西班牙威斯卡Beulas基金会大楼（2003年完成）

2000年　美国罗德岛设计学院设计
　　　　剑桥镇哈佛大学物理系新楼设计
　　　　西班牙威斯卡Panticiosa海滨建筑

2001年　西班牙卡塔赫纳古罗马剧院博物馆项目
　　　　巴塞罗那萨巴戴尔Carrer Tres Creus居民区
　　　　西班牙桑坦德坎塔布利亚新政府办公楼
　　　　获得第六届西班牙建筑双年展Manuel de la Dehesa奖

2002年　荷兰Spuimarkt居民区
　　　　华盛顿西班牙使馆建筑
　　　　巴利亚多利德皮苏埃加河上浮桥

2003年　获得英国皇家建筑学会（RIBA）皇家金质奖章

2006年　获得西班牙建筑学院的建筑金质奖章

作

品

国家古罗马艺术博物馆

西班牙，梅里达，1980~1985年

博物馆入口

　　国家古罗马艺术博物馆在梅里达简朴低调的环境中出现，改变了这座城市交通路线的分布，也预示着这座城市将会因为这片辉煌的古罗马遗迹的汇集，出现一道令人惊异的风景。面朝着Jose Ramon Melida街的这座博物馆，从外观看去是一片结构朴素的砖墙，充分体现出了古罗马建筑所遵循的一项原则，同时也是设计者意欲通过它所传达的，即所谓的结构坚固性。

　　此外，砖墙除了体现对建筑主题的坚持与重复，本身也是博物馆结构的组成部分：作为外部框架的建筑希望能够拥有与所展示的古罗马遗迹相称的风格，同时，也能够成为后续发掘的文物的收藏地。新文物的不断加入会让这里变成一个处于不断变化中的档案馆，而由于自身所拥有的建筑元素的叠加，建筑在外形上已经兼具了博物馆和档案馆的形态。很显然，设计者希望通过创作去追忆和纪念过去：博物馆在结构上与昔日的古罗马建筑没有严格的区分，它想向到访者呈现出一个空间的次序，从更广泛的意义上来说，这是梅里

不断重复的拱形结构为
考古区构造出一个完美
的装饰"框架"

达市从古罗马时期开始就建立的目标。为此，设计者没有简单地应用线条和排列，而是采纳了古罗马的建筑体系，实现其靠近和临摹古罗马世界的这一愿望。如果考古展示区能够拥有适合的设计风格，那么就意味着该博物馆对古罗马世界及其建筑体系成功地实现了折射。作为在这样一个体系之上建成的建筑，博物馆的砖墙结构给了那些"间隔、比例、空间"等基本建筑元素一个外在形式上的支撑。而当构筑建筑核心部分的空隙出现时，这一体系会发生变化：拱形结构所形成的这些空隙，创造了横向与纵向墙壁之间的建筑格式，这种建筑格式所代表的辩证关系也是本设计的主题。这样，由考古学家们经过漫长的时间重新呈于世人面前的这些古迹文物，终于拥有了一个适合的置放空间。

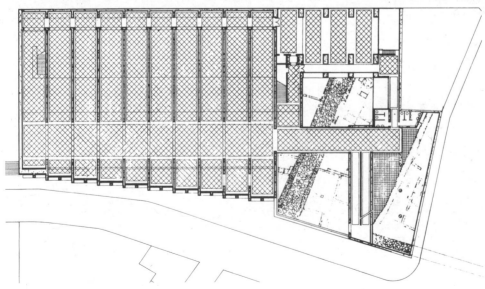

上图及对页图
将不同楼层互相连接起
来的过道和天桥形成了
一个完整的系统

左图
平面图

库赛尔音乐厅与会议中心

西班牙，圣塞瓦斯蒂安，1990~1999年

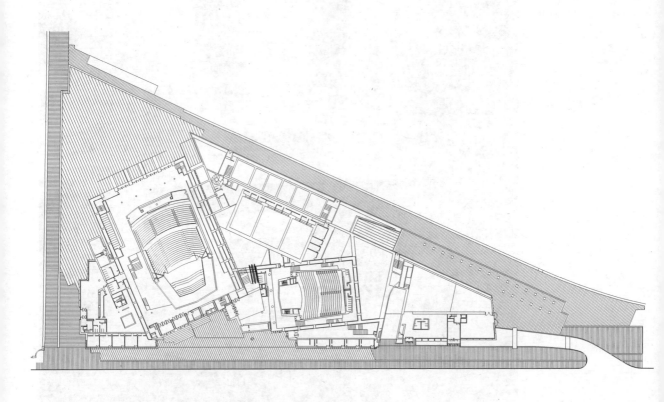

上图
平面图

对页图
俯瞰图

提及圣塞瓦斯蒂安的美，自然不能少了它那胜于普通城市的环境与风光。鲜有城市能够拥有这般得天独厚的自然条件。坎塔布连海静伏于孔查沙滩旁，在不长的一段海岸线上，孕育出了地理学手册上所能描述的一切形态：内海、岛屿、沙滩、海湾，以及山脉等。圣塞瓦斯蒂安就建立在乌鲁米尔河的河口处，因为河口不能被建筑所遮挡，因此，拉斐尔·莫尼欧为库赛尔音乐厅与会议中心所做的设计的出发点就是不破坏乌鲁米尔河周围的现有

环境。礼堂和会议厅被设计为形同两块巨大的岩石，搁浅在乌鲁米尔河的河口处：它们不属于城市，却构成了城市风景的一部分，如同自主而独立的篇章一样。展厅、会议厅、服务中心和餐厅都被容纳在同一平面之上，巨大的立方体建筑占据着醒目的位置。另外，地基平面所拥有的高度足以俯瞰海面；整个建筑平台面朝祖里奥拉大道，可以从那里穿过一片开阔空间，进入到礼堂、会议厅和展厅。这片区域与停车场相连，设有信息咨询处和售票

点。礼堂的棱柱状外形一侧向水面方向轻微倾斜，营造了流畅生动的感觉。建造方面采用了金属结构，两面墙壁均镶嵌了片状玻璃，正面的内部使用平滑的玻璃，而外部镶嵌的玻璃则为弯曲状。这里清晰展示了一个内部空间明亮的建筑体系，空间与外界接触的唯一方式只能是透过前厅处面朝水面的特殊窗户。玻璃是适合圣塞瓦斯蒂安这个城市的一种建筑材料，之所以这样说是因为考虑到库赛尔音乐厅与会议中心所处的位置：它完全对着扑面而来的强风，风中还常常夹带着咸涩的海水。使用的玻璃是对19毫米厚的金属薄片和特殊玻璃进行加工而成的，它使建筑看起来就是一个紧凑而透明的整体，并且能够随着一天当中时间的变化而改变颜色。在夜晚灯光的照射下，建筑又成为了一个诱人而神秘的光源。位于棱柱形玻璃顶下的礼堂在整体上是不对称的，而正是这种不对称引导着前厅的到访者向最高点走去，在那里，他们可以尽情欣赏被乌尔古山环抱着的整片大海。

上图
进入到建筑群的斜坡入口

左图
草图

对页图
入口门厅

现代艺术与建筑博物馆

瑞典，斯德哥尔摩，1991~1997年

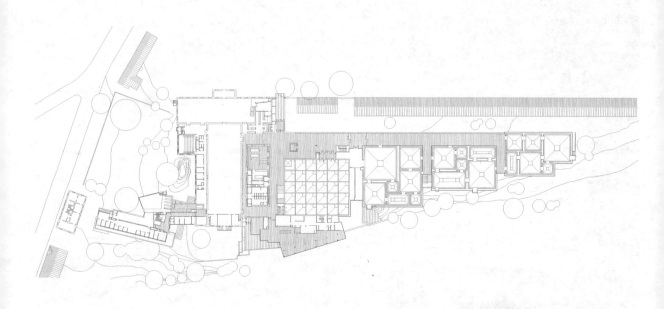

平面图

现代艺术与建筑博物馆位于司盖普肖曼岛上，该建筑的设计特色源自于对两个博物馆内所藏展品的关注。现代艺术博物馆内收藏了颇有价值的瑞典当代绘画和雕塑作品，此外还有一些创作于20世纪50至70年代间的极其重要的前卫艺术作品；而在建筑博物馆内，展示了瑞典建筑史上的一系列代表作品，并设有向研究者和学者开放的档案馆。新博物馆的建筑设计与周围环境相互呼应，以一种轻巧的离散的方式与环境形成了一种对话，避免落入俗套的"纪念性"之中。因此，这个建筑的设计体现了非连续的特点，折射出了斯德哥尔摩这座城市所具有的地理特点，并由此营造出一种生动活泼的空间氛围。关键部分在于展厅的造型，这是一组正方形和长方形的大厅，其中的金字塔形天花板既提供了良好的照明，也赋予了空间适宜的

高度。现代艺术博物馆的画廊中灵巧地展示着各种绘画和雕塑作品，这一画廊所采用的结构设计也曾先后出现在达威奇美术馆、洛杉矶当代艺术博物馆、波特兰博物馆、伦敦市国家美术馆扩建工程等等一系列的建筑设计之中。参观者可借用通道，选择进入两个博物馆中的其一。前厅附近的上层是衣帽间、洗手间、仓库、信息陈列柜和展厅的入口所在，这是一种独立且必要的设计。餐厅和酒吧位于后厅，面朝内部花园开放，其中放置的毕加索的雕塑使得整个花园生机勃勃，在此可以眺望大海和欣赏壮丽的城市景观。现代艺术博物馆的画廊通向各个紧密连接的展厅，这些展厅都与外部空间建立起了自然的联系。

Skeppsholmen

展厅之一

对页上图
玻璃天窗一角

对页下图
草图

胡利安·齐伟特酒窖

西班牙，Senorio de Arinzano酒庄，1991~2001年

在20世纪80年代末，齐伟特家族获得了Senorio de Arinzano酒庄的所有权，这块场地一直延伸到埃加河两岸，在河流的拐弯处，淤积的泥土由于流水冲击很快形成了朝不同方向延伸的波浪状的斜坡，在这里可以欣赏到被蒙特裘拉群山环绕的纳瓦拉的独特风貌。栎树是丛林地带的典型特征，同时，沿着河岸我们可以看到杨树、欧洲白蜡树以及灯心草等植物。历史留给了这片土地一些特别引人注目的建筑，

比如，在这里曾经有过军火库大楼、顶层竖立着石雕的塔楼、为纪念圣马蒂诺建造的小教堂，以及历史可追溯到18世纪的贵族庄园。如今，这里的住宅得到了改建，内部被划分为18米×18米的小块面积，带给这片土地更多的活力和居住性，并与周围一系列特殊建筑在结构上形成了默契。胡利安·齐伟特、费尔南多·卡洛斯和梅赛德斯·齐伟特先后成为了这片土地的主人，而梅赛德斯·齐伟特是它现今的管理

主入口处的酒窖

者。为了不让这片土地在种植葡萄树的同时看起来有地形上的变化，夏季的轮耕和土地改良工作已经开始。在这片风景中，作为一个生产过程的终点，即新的葡萄酒窖已经修建完毕。这一建筑群由各个不同的结构组成：带有封闭式庭院的地窖用于储藏葡萄，共五个房间的四方形小楼用来进行葡萄的捣碎和加工，放置用于风干葡萄的容器的大棚，地面略为下沉的存放酒桶的大房间，另外还有一栋独立小楼。

小楼的两个入口高度不同，葡萄酒灌装机器、办公室、品尝间以及开展其他业务活动的区域均设在此处。以上这些建筑的墙壁使用了经特殊加工的水泥材料。屋顶和窗子的构架使用了栎木，并在外部以青铜进行包裹。所用的建筑材料、葡萄酒生产所需的工业设施，以及所使用的栎木酒桶等，建立了一场各个元素之间的积极的对话。

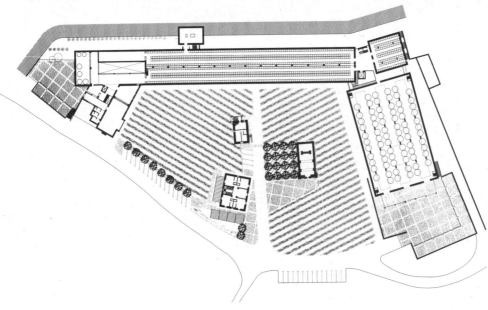

酒桶贮藏室一角

对页上图
俯瞰图

对页下图
平面图

市政府大楼

西班牙，穆西亚，1992~1998年

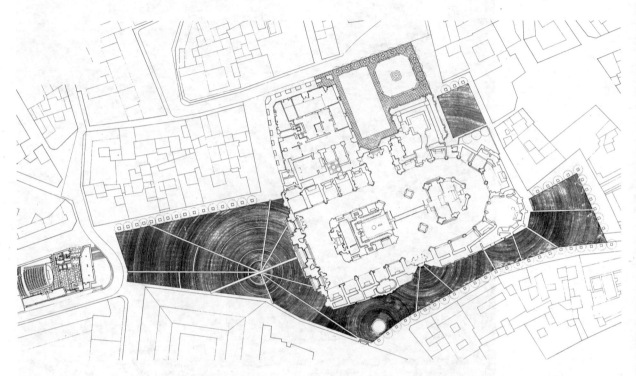

总平面图

对页图
面对城市广场的视图

坐落于卡德耐尔·贝鲁格广场的穆西亚市政府大楼，完全填满了之前存在于此的空间。广场至今仍保留了它在巴洛克时期的节庆风格，因此，工程设计方案设定的目标为"塑造一个能够简单扮演观众的角色"，而并非像教堂和卡德耐尔·贝鲁格宫那样以主角身份存在的建筑。但同时，它又不能是"一位随意的观众"，因为它的身份是代表了城市民主权利的市政府大楼。

雄伟庄严的教堂与卡德耐尔·贝鲁格宫分别位于广场的两侧，教堂的重要地位在于18世纪时它曾是行使权力的代表，而现在，代表民主权利的全新建筑将要出现

在这里，那便是市政府大楼。一直以来，市政府都忽视了广场曾代表的权力地位，现在由于这个问题所产生的争议终于得到了解决，新的建筑在河畔建立起来，毫无疑问，它将会占据穆西亚整个城市中最显著的位置。

新的市政府大楼正对着教堂，这使它成为了广场的主角。因为大楼具有战略性的位置，所以它与四周的各种景致之间相互协调，在此可以欣赏到背景环境中的各种宗教建筑的外观。尽管如此，市政府大楼并没有设置面朝广场打开的大门，这是因为它在结构设计上严格遵循了其所处城市环境的几何学。穆西亚的城市环境虽然没有因为这一新建筑的出现而发生根本性的变化，但却因为它的存在，平添了几分庄严和尊贵。

建筑正面

从市政府大楼上眺望广场

艺术收藏博物馆

美国，休斯顿，1992~2000年

展示厅

　　休斯顿艺术收藏博物馆是于1924年由建筑师威廉·华德·沃克汀设计建造完成的。在接下来的1958到1974年间，密斯·凡·德·罗对博物馆展开了扩建工作。密斯的扩建工作包括了博物馆的大部分建筑，到现在，扩建前的旧博物馆已经被这位德国建筑大师的冷硬金属结构所包裹和覆盖。

　　修建的新楼是独立存在的，它与博物馆之间通过一条地下画廊相互连接。博物馆所占据的这片矩形土地四周分别是城市的主街、梵宁街、宾兹大道和艾文大道。看上去，它与城市道路网的分布相互协调，不过关于建筑位置的研究，还包含着许多的要素：首先，建筑的朝向是设计的第一要点。新楼的正面朝向主街，这样设

计的原因不仅因为主街是城市的一条重要
街道，而且是为了向密斯设计的博物馆致
以敬意，而新楼与博物馆之间已经建立起
了不可分割的关系。另外，在休斯顿，建
筑还必须满足驾车者在车内的易观察性，
这样一来，为了建筑形象而确定的执行标
准最终很难得以实行。在休斯顿，步行者
不可能对建筑的正面拥有一个全景的视
角。这一系列考虑最终决定了新楼的占地
面积，其所处的地点也因此令它有机会拥
有一个紧凑型的外观。在整体规划的限制
条件下，尽可能地在最小的土地面积之上
建造起能够拥有最多内涵的建筑，这是设
计者希望达到的目标。将一片规则的面积
分割为一系列小块，分别用于建造房间与
走道、台阶与入口、回廊与庭院，没有预
设的框架，各个部分连续而紧凑地填满了
空间，这体现了一种不可思议的结构自由
性。休斯顿艺术收藏博物馆就是这样一个
典范，它以此种方式对建筑进行解读：博
物馆的平面被分割为一系列相互连接的部
分，在它们之间，通过对建筑内部的主角
——自然光线——的精心利用，构造出了
一条隐蔽的通道，对到来的参观者们起着
引导的作用。

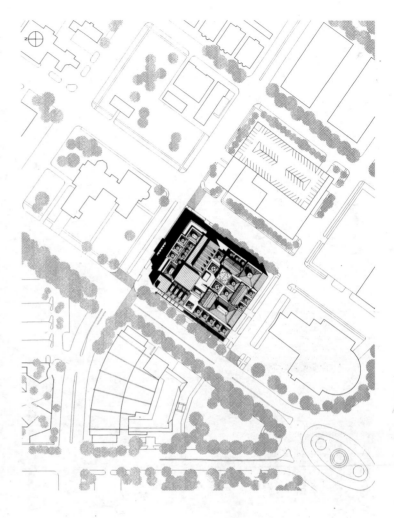

总平面图

左图
采用透光屋顶的展示空间

下图
纵向剖面图

对页图
由低处仰视玻璃天窗

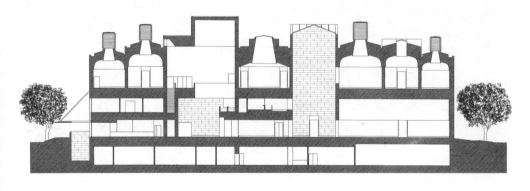

市档案馆

西班牙，潘普洛纳，1995~2003年

俯瞰图

　　纳瓦拉的古皇宫是在公元7世纪末依照国王的意愿而建造的。今天，这里已经成为了市档案馆的所在地。在被驻军遗弃之后，曾经的建筑经历了持续的地质变迁，仅剩向北和向西的两道城墙保持完好。设计方案是在先前遗迹和后来补建的结构基础之上加入新的内容，并着重强调不同区域的差别：一边是档案馆，另一边是服务性场馆。从入口处起，首先映入参观者眼帘的是带环形走廊的庭院，庭院两侧分立着建筑。靠西是用于存放文件的大

厅，北楼为阅读室，可由西北角的阶梯到达上层，再穿过由塔楼墙壁围住的小空间，便可进入阅读室。西楼的上层是可供研究者使用的图书馆。另外，北楼内还设有办公室和会议厅。具有同样功能的还有南楼，另外，南楼内还增设了档案文件的存储区。三层是服务性区域和实验室的所在。一楼有台阶能够通向地下一层，到达地下后穿过前厅，就能够进入到一处迂回的空间，这里很好地保留了建筑的原始外貌特征，现在被用来举行一些现代展览。

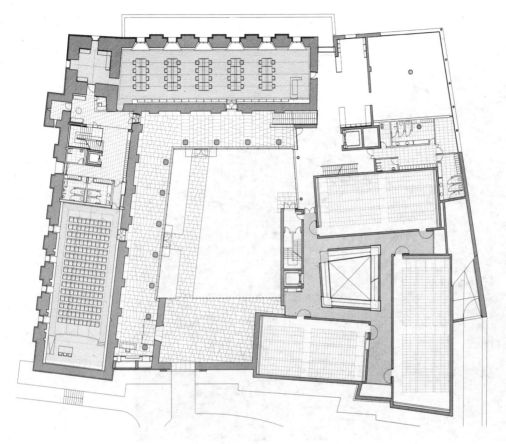

底层平面图

新建筑的几个大厅主要是用于档案资料的整理和保管，它们被分割为不同的几个区域，以避免档案管理过度密集。内院的周围是档案室，它们与带环形走廊的庭院之间相互连接。在修复过程中，因为不可能对建筑进行完整的复原，所以只能采纳尽量保存旧建筑结构的方案，为了尽可能地与旧建筑风格相符，还采用了石材给它们砌上新的外墙。在这种新旧对比的关系中，值的一提的还有庭院内的玻璃门窗：出于对建筑的使用性和符合现代性的考虑，修复者们选择了玻璃这一建筑材料——一面由不锈钢结构支撑的透明玻璃竖墙。从潘普洛纳的古老高原上望去，整个建筑是一个内倾的和谐整体，它将古皇宫时期极具特色的城墙保存了下来，同时，在城市景观之中扮演了一个极其重要的角色。

左图
整体视图

下图
建筑剖面图

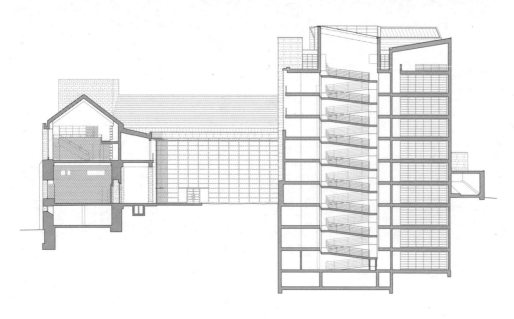

各档案厅所围绕的天井自
成一个倾斜的体系

普拉多博物馆扩建

西班牙，马德里，1995~2007年

入口大厅

由于地处城市的中心地带，普拉多博物馆的扩建工作遇到了一些困难。原建筑靠近圣杰罗尼莫教堂和一些高楼，同时又希望适度地扩充一下展区面积，因此主要的扩建工作不得不在地下展开。第一阶段的重要工作是卸除花岗岩砖石，这些砖石是在17世纪时被用于构建带四面回廊的庭院的。在第一阶段结束之后，便开始了为修建围墙而准备的打孔工作。为了计划的

顺利开展，地下办公室内设立了一个专司指挥和规划博物馆扩建项目的研究室。此前拥有绘画陈列馆的旧楼也适应了改造的需要，新打造的空间结构更为复杂精细。对原建筑的扩建包括：在东面新修两个对称的入口，并且将先前用作音乐礼堂的教堂大厅腾空，将其上层地板采用的柱式结构更换为金属纵梁。这样一来便营造出了一片宽敞明亮的空间，让前来参观的公众

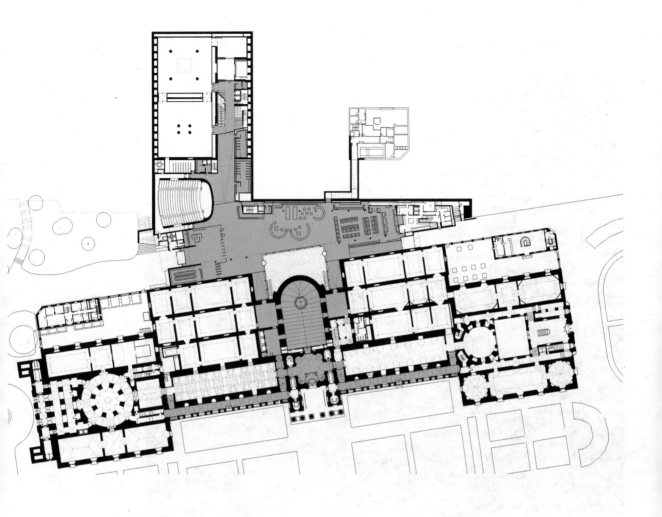

底层平面图

在穿过委拉斯盖兹大门之后，能够进入到宏伟庄严的迎宾大厅。在地下一层，两条地下通道连接了新的展览空间与博物馆原有的地下建筑部分，由于纵向通道的开通，艺术品的移运和工作人员的往来都可以在不干扰四周观众的情况下进行。这种结构的重置使地下和仓库的空间得到了合理运用，并协调地容纳了服务性场地，如实验室、更衣室和安全控制室等。最后，还新修了两部电梯以方便运送绘画作品和参观者。精心开展的扩建工作将建筑的地基进行了深挖，拆除和更换了部分建筑结构，同时维持了室内的音效水准，减少了灰尘和震动的产生，以避免关闭展厅，从而也保证了安全和服务性设施的正常运转。

左图
新展厅上层视图

下图
纵向剖面图

对页图
俯瞰图

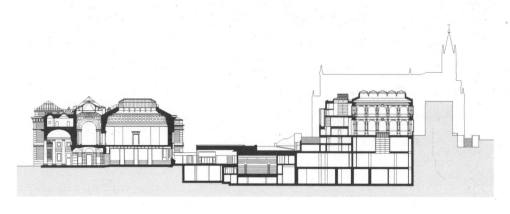

天使圣母大教堂

美国，洛杉矶，1996~2002年

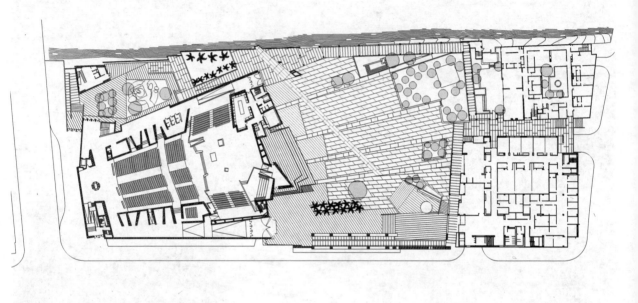

平面图

"当我开始对这座大教堂进行设计思考时，我就试着回忆那些带有神圣感觉的现代建筑。在我的脑海中先后浮现的是埃里克·布里格曼设计的图尔库公墓礼拜堂和柯布西耶设计的朗香教堂。这两座在当代修建的教堂给我留下了极深的印象，最深刻的在于设计者对于光线重要性的共同认识。我看到了在这种想要找回超凡神圣之感的空间内，光线成为了主角，成为了我们可以利用的一个载体，通过它我们能够获得那种被称为'神圣'的体验。"莫尼欧向我们指出，光线是天使圣母大教堂的设计源泉。在教堂的一侧，大窗中透进来的光线从忏悔室上折射过来，引导我们沿着脚下的通道向教堂后殿的回廊走去，回廊将中殿和后殿相连，这里的光线与我们在古罗马教堂中所看到的区别不大。另一侧的光线则穿过雪花石膏渗透进来，营造出一片明亮柔和的氛围，在这种光线下，教堂内的各部分都好像漂浮在了空气

建筑全景

之中，从而使我们拥有了好似身在拜占庭教堂内的不同空间体验。

最后，教堂顶部运用了玻璃材质的十字图案，当阳光穿过时，它让我们领悟到了一种关于光与上帝存在之间的神秘隐喻，就像巴洛克时期的建筑师们所创造的那样，它也带来了一种关于建筑的体验。新教堂位于城市中心地带，紧靠城市主动脉之一的好莱坞高速路。建筑的整体略高于地面，俯视着四周，以此突出了作为城市标志和宗教精神中心的重要作用。整个教堂的中心区共可容纳6000人，两端通过广场边缘环绕的柱廊相连。

教堂所处位置是较高的一端，相对于整体建筑的轴线来说，它的正面略带倾斜。钟楼竖立在一角，将它与教堂主体分开的是一处不规则四边形的庭院，而庭院的影子就映在岸边种有棕榈树的三角形小湖中。

上图
内部视图

下图
纵向剖面图

对页图
礼拜堂视图

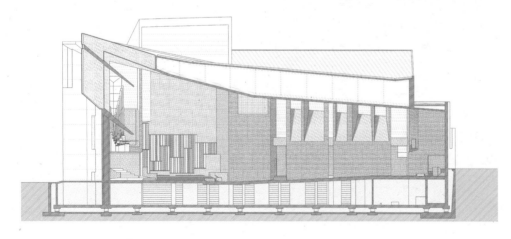

Gregorio Marañón妇产儿童医院

西班牙，马德里，1996~2003年

建筑正面

此次Gregorio Marañón医院新建的三处"社区建筑"是对医院格局的一次整合和调整，其中包括妇科与儿科的新门诊大楼的修建。巨大的广场连接了超级社区的新旧两侧，并通往地下停车场。医院构成了新建筑的主体。主通道穿过由铝和玻璃共同构架的透明建筑体，从那里可以通往位于一层的妇科以及上层的候诊大厅。四周的城市背景影响着建筑，因此在某些楼层的设计上，展现出了紧凑而密集的结构特点。所有的房间都按照计划被设计成面朝内院，以满足对隔离和保持安静方面的要求。使用的建材也营造出了一种隐蔽与安静的气氛，在这种气氛之中，光线适度地散落在空间的内部。在各医疗部门分布其中的这片社区之内，建筑展示出了对于所处城市背景的灵活的适应性。妇科与儿科分别位于不同的两层，而共用的公共服务

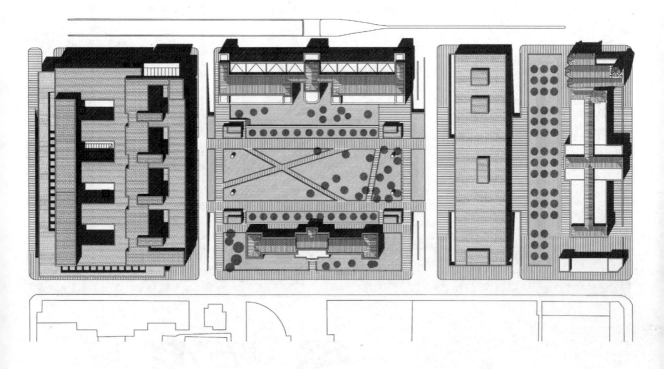

设施所处的楼层则将它们联系起来。石板和垂直砌面都采用的是混凝土结构支撑，很好地实现了隔音的目的。多层石膏墙板的使用带来了一种结构上的灵活性，并便于医疗器械的放置。过道内的大理石地面和墙基对内部空间也是很好的保护。在易受潮的地方铺有彩色砂岩，防止了缝隙的存在，从而使得环境温暖、卫生。窗框和百叶窗均采用槭木制成，目的在于努力摆脱医院一贯的冰冷形象，在病房里营造出一种家居的氛围。顶楼专为医疗器械的保养而设，这也是医院类建筑在内部设计上的一个重点。建筑的里外均选用了玻璃建材，这使整体结构给人带来一种健康和专业的感觉。采用钢筋骨架的英式内院和城市化的整体结构都采用了花岗岩来建造，保证了新的设计对于原始建筑风格的延续。

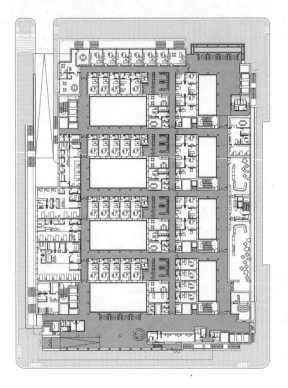

上图
内部视图

左图
底层平面图和内院房间窗
口视图

对页图
内院之一视图

Arenberg校园图书馆

比利时，鲁汶，1997~2002年

总平面图

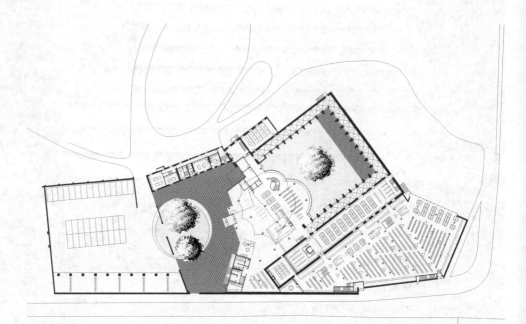

　　在1997年的时侯，只剩下部分残余建筑的蓝色修道院好似一只漂泊的船，在连接着鲁汶与其周边城市的街道和高速路之间起伏晃动。新的交通网覆盖了旧的道路，曾经的修道院好似失去了主桅杆的船只，早已迷失了航向，让人无法再意识到这处遗迹曾经拥有的重要地位。

　　随着教堂的消失，修道院只残留下三道外墙，它们分别与圣堂参事会的房间和

起居楼的一侧相连。修道院内参天的大树让它看起来像斜铺在坡地上的一片农庄。

　　在研究之初，莫尼欧就计划保留这里的台阶，并维持现有的风格不变，同时，在新图书馆的中心修建小型的回廊。设计的目标是将修道院修建成一座内部带回廊的建筑，并打造一片崭新的空间：牧师房间和曾经的客房的墙壁旁侧共同构成了一个隐蔽的天井，与幽闭的修道院相互

映衬。新建筑的几何形结构赋予了这座简朴的修道院以活力和生机。穿过山间小径和大路到达入口后，人们能够感受到修道院以一种友好的姿势迎接着来访者。新建筑的半地下室被用作存放书籍，这里和地面层都安放了书架，地面层的建筑在曾经的砖墙内横向延伸，旧墙的一面对着街道，另一面对着与修道院相邻的神学院餐厅的阅读室。这种方案带来的结果是，既令建筑的原有部分保存了自己的价值，又让旧餐厅的房顶继续作为可见的一个部分而存在。老旧的修道院已经被逐步修复，最近，它还参与到了城市和大学的活动中来。在这里，祷告的牧师们在闪光的电脑屏幕前停下了脚步，学生们热烈的交谈声与钢琴声交织在一起，此起彼伏。

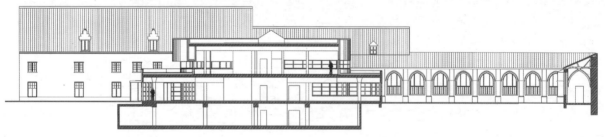

上图
新旧建筑交错

下图
纵向剖面图

对页图
内部视图

设 计 项 目

物理系新学院楼

美国，剑桥，哈佛大学，2000年

对页上图
效果图

对页左下图
草图

对页右下图
平面图

　　本项目是哈佛大学物理学院扩建计划的一部分，这个扩建计划将申请929平方米的面积用于修建新教室，此外还新增418平方米的面积用于综合实验室的建造，2415平方米的面积用于修建IRL实验室，加上其他服务区域的增加面积，整体扩建面积约达11520平方米。物理系要求将新建筑的位置选在已有设施的所在地，以便于新旧场所之间的沟通和连接。此外，由于新实验室将为生物系和化学系所共同使用，因此还必须增强新建筑与三个院系之间的联系。此项工程的设计还应降低磁场、噪音和灰尘等的影响，同时还要方便公众出入，这一系列目标促使设计者考虑让新建筑的水平层位于地面以下的可行性。因此，麦基科学中心、音乐系大楼、莱曼实验室和克鲁夫特实验室四者所围绕的这片区域拥有了以下特点，并由此显得更为合理和适宜：莱曼和克鲁夫特实验室以及麦基科学中心直接相连；新的建筑结构拓展了麦基科学中心和舍特大楼所拥有的货物装卸区域，从而也提升了麦基科学中心的质量；项目设计对麦基科学中心、舍特大楼以及音乐系大楼三者之间的原有空间分布进行了重组和优化。新的工程在扩建的同时保证了校园的整体性，它的目的是建造一座可以重新定义麦基科学中心的独立建筑物。这样的设计没有改变校园原有的开阔的空间特点，并且令建筑原有结构的整体性得以保存。新建筑的三个竖面环绕构成了内部的天井，阳光可以通过它一直照射到底部的空间。环绕麦基科学中心的庭院带有入口，由此可以很便利地通往地下室。而它与克鲁夫特实验室相邻则方便了生物系和化学系的学生们去往底层。将建筑水平线抬高的方案使底部的拱廊得以存在，于是，来自科学中心和法律学院的学生们便可在此相遇。

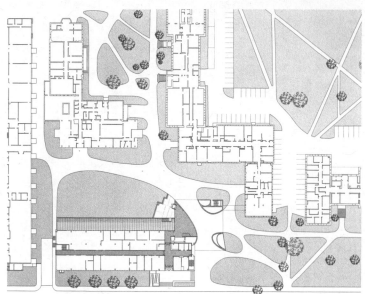

市政府新大楼

西班牙，坎塔布利亚，2001年

按照预想的设计，市政府新大楼的外围圈住了整片地面，这样便可以将其内部遮蔽起来。新大楼的边界在视觉上可以被忽略，这点对于突显其内部场所来说十分重要。占据整片地面能让建筑与其所围绕的内部空间相互融合，为了实现这一点，非露天的城市广场的存在是必不可少的，这也是从一开始便设立的主题，而对整个设计来说，这个主题起到了一个引导的作用。对内部空间进行挖掘可以促成一个新的广场的诞生，多种多样的功能性区域都在这里彼此交融。同时，广场也连接着San Vicente de la Barquera大街，这里还有能够通往Las Llamas的Casimiro Sainz大街，另外，Juan de la Cosa街在这里也成为车辆禁止通过的人行街道。桑坦德所拥有的一系列广场，对于定义一座城市的自身结构来说十分重要，而这里则是一系列广场中最新出现的一环。首先，政府办公所在地成为了一片公共的空间，大楼所环绕的空地转化成了建筑的一部分。如此一来，走近这里的人们不禁会发问："这样的空地是项目设计的初衷，还是在一个清晰的排列体系的规定之下，建筑整体自身逐渐演变的结果？"新广场的前端是玻璃结构笼罩下的开阔的天井，它的存在也抬高了具有花园作用的上层空间的水平高度。对于存在于广阔城市背景之中的一栋建筑来说，它的功能可以轻易被人所了解是十分必要的。譬如，坐落在市政府新大楼对面的大型综合建筑，它就让人难以轻易地猜出功能所在。在今天，公共建筑所表现出的是一种对其能力的外在渲染，就像市政府新大楼所要表达的一样，是一种将复杂的城市生命形式化的意愿，这便是修建的意图所在，这也是需要审核行政管理类建筑项目的原因。富有灵活性的设计保证了建筑能够适应各种用途的需要。穿过从立式建筑中心发散出的各条走廊和通道，能够到达在复杂的蛛网状内部所分布的各个办公室及会议室，这些走廊和通道外的天台起到了为楼内用户和来访者指引方向的作用。

古罗马剧院博物馆

西班牙，卡塔赫纳，2001年（公园修建完成），2002年（博物馆修建完成）

对位于卡塔赫纳的古罗马剧院进行发掘，是卡塔赫纳建筑史上的一次大事件，发掘工作让这处特别的古迹得以重见天日。整个剧院包括在古罗马时期作为市场的一片区域，以及部分结构重叠于剧院上区的圣玛利亚旧教堂，它们的重新发掘使这个剧院各部分结构之间存在的那种紧密连接的关系，重新呈现在我们面前。这些相异的结构是在不同的历史年代修建的，那些堆积起来的漫长年代将这片区域变成了一本真正的厚重的历史书籍。工程计划将城市地图上现有的建筑包含在内，修建一条能够通往剧院的博物馆走廊。博物馆将会拥有一条能够从海边一直通向内部最高点的路线，它的内部将会是一处宽敞的空间，其中包括已经开凿的环形阶梯。这里还将有一片穿过位于玻璃天窗之下的明亮展区的步行地带，参观者能够通过电梯

左图
模型图

对页上图
古罗马剧院俯瞰图

对页下图
纵向剖面图

和直升梯到达这里。在由电梯与直升梯围
绕的展示区域内，摆放着在发掘过程中出
土的各种物件。博物馆由两处彼此独立的
建筑组成，将它们连接起来的是一条低于
城市街道水平面的通道：其中的一处建筑
与里克尔梅宫脚下的公路相连，在它的内
部庭院中建有方形的蓄水池；另外一处建
筑中则容纳了数个展厅，同时，穿过这些
展厅也可以到达一条通向圣玛利亚旧教堂
（高于地面17米）的走廊，这一走廊将引
领观光者一直到达剧院。

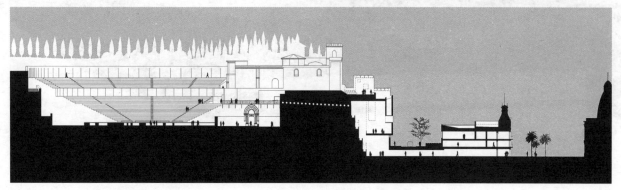

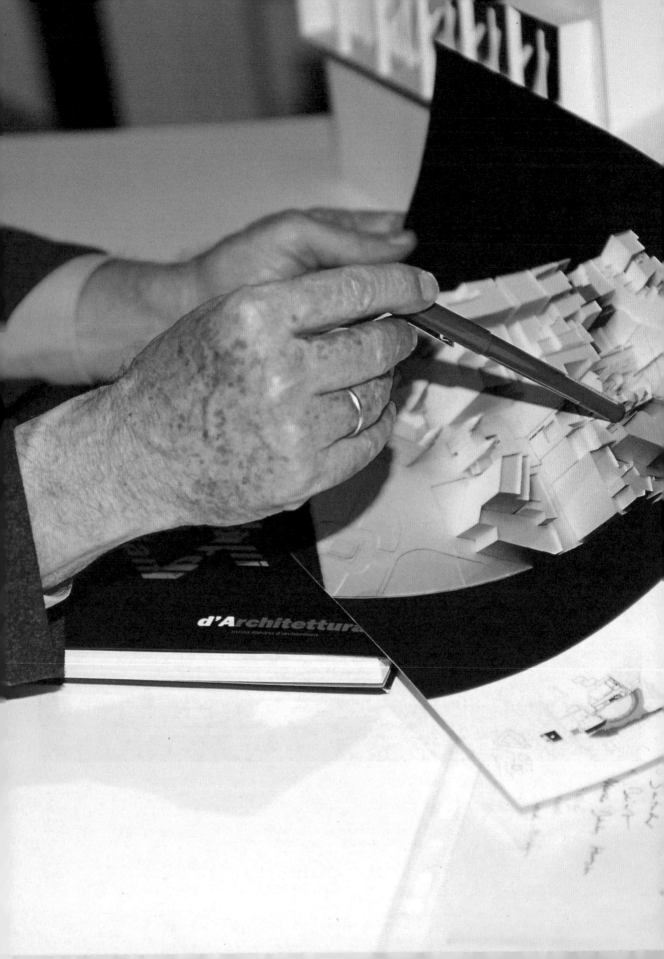

设计理念

建筑的独立性

首先，很感谢麦克库伊主席介绍我时的那些褒奖。它们更加明显地肯定了我从7月1日起作为哈佛大学设计学院的建筑系主任的职责。我不会忘记学校过去的指导方针，但是我还是想说，当知道在约瑟夫·路易斯·舍特先生之后，我也有这个荣幸可以来接手这个职位的时候，我是非常感动的。而这个因素对于我来说既是最大的挑战也是最大的困难。我希望对于我来说这是一个长远的鼓励和借鉴。

当麦克库伊主席邀请我接手这个职位的时候，我觉得我是受之有愧的。但是当他告诉我这是最终决定的时候，其实我也是可以理解的。我的内心对于这个职位被赋予的责任有一点恐惧：因为我要对所代表的哈佛大学有一个很好的交代；因为全世界的每一个角落都在注视着哈佛为你们找到了一个合适的人选。我接受这个职位是因为我知道麦克库伊主席和柯布教授会是我的有力后盾。我意识到我会在他们的教育工作中找到必要的热情和能力。我将会用柯布教授在五年前声明的四个方针来管理学校，那是他在接手我现在这个职位的时候发表的："用来开展我们的教育事业的四个方针是：竞争、活力、发散思维和创新。"我知道这些方针已经在学校被提出过。发散思维、创新、竞争和活力，我想我没有必要再用其他更合适的语言来表述我对学校未来的信心。在这一点上，我坚信并且会努力让这样的方针在未来的学校管理中延续下去。

我想对你们说，我不会辜负你们对我的信任。今天，我唯一想承诺的是：我会尽我所能，将我所有的热情都投入到学校的管理中去。我会接受并且延续学校固有的传统，即在一个团体或者在一个国家当中，不应该以自我为中心，而是应该将自己所有的热情和精力投入到整体当中去。

对于我的学生和系里的同事来说，这是一次义务、热情和本职工作的结合。今天晚上，我将要做的是，感谢设计学院给了我这个机会，感谢以丹下健三名义的捐赠。我选了三座建筑作为我工作的见证。虽然它们分布于不同的地区，有着不同的用途，但全部都是公众建筑。它们可以被视为近十年来我的工作成就的代表。为什么是建筑而不是计划？为什么是歌剧而不是一个理论课程？因为我相信，在现在已经成熟的建筑体系中，它们可以用计划的自然性和实际有效的想法的最大可能性来被考虑。我坚信，好的建筑一定需要材料来支持；也就是说，材料的选择是不可以被分开考虑的，实现一个我们脑海中的建筑是要靠材料来完成的。只有接受和考虑到在建造过程中可能会发生的行为和一些限制因素，我们脑海中的建筑才会变成现实。我知道我说的这些话听起来很难理解，有些奇怪。但是第一，我们现在身在一所建筑学校，学习的课程都是以设计为基础的，因此我们倾向于接受完整的理论体系。第二，在近几年里，准确地说是近15年里，很多建筑师都认为建筑设计再也不需要像以前那样劳累了。对于他们来说，工作只停留在简单的设计上。他们采用了一种避开每一种可能会"玷污"建筑设计的方式，对于这样的做法我们是可以理解的。专业性的建筑应该源自于对行业规则的热爱和认可，但是这样做就丢失了参考社会其他时代状况的重要性。雨果曾说过，就是那些书本毁了那些大教堂建筑。

虽然这不一定是全部的事实，但是在今天，我觉得可以说正是大量的媒体报道削弱了建筑的重要性。

建筑已经不再是必不可少的，它不再是区分城市与建筑之间各自时效性的因素，也不再作为象征性交流的工具。建筑师们并没有意识到，在遇到困难的时候，他们不再去寻找与社会和现实之间的关系，而是去逃避能够创造理想中的乌托邦的能力。建筑师们希望对于建筑来说他们扮演着最重要的角色，或者至少是被给予了最大程度的尊重。鉴于这是不可能实现的，因此我们只能怀有幻想，脑海中的建筑只能通过梦来实现。这样的形势决定了乌托邦和现实之间是辩证关系。如果建筑师们不能为现实工作，那么至少应该为未来建设理想中的乌托邦而努力。这样的形势也创造出了一些设计，表达了更广泛的意图。但是我认为，不是建筑师本身或者设计师选择了哪一条道路。我想解释这样的形势在今天是多么普遍，同时，对建筑师又产生了多大的影响，因为现在的建筑是对设计最直接和最纯粹的反映。建筑和现实之间的关系正在发生着戏剧性的改变。如今，有很多建筑师刻意地去追求完美的设计方案，而忽略了与现实之间的关系。在许多建筑中，设计方案的"专政性"都是显而易见的：建筑师们强迫建筑需要根据"书本"上的方案实施。但事实是，那是设计方案的情况，但并不意味着也是建筑本身的实际情况。关于这样的例子实在是不胜枚举，今天在这里就没有必要为大家一一列举了。这样的建筑是以建筑师"专门定义"为基础而修建的，这与建筑行为是不一致的，他们的最终目的只不过是把自

己的想法转化为现实而已。但是一个出色的建筑师应该是将建筑的所有方面都包括进去的。当今的建筑师们已经忽略了如何去创造一种艺术。说到这里，一定会有人说这样的事情在过去也发生过，也有过一定数量的工程在没有建筑师们的监督下，完全依靠设计图纸中描绘的详细细节而建造成功的。但是，它应该符合一种情况，即建筑师们可以从社会的一致性中取得利益，在今天这种情况已经不存在了。

从另一个方面来说，对于一些工程需要在建造过程中就给予很好的记载。在20世纪20年代的时候，通过建筑散发出来的思想改变了建筑结构，这是通过介绍运动中的主题思想，并且将其延续下去的方式实现的。在20世纪80年代，这样的思想被另一种思想所代替，即在实际中加强了思想的地位。如果思想在现实中变得更加牢固，那么建筑的自主思想相比建筑师们的思想就显得没有那么重要了。另一方面，正是建筑工程中的自主性阻碍了客观实体的自主性。因此问题就变为：工程开始是否可以被认作是建筑的主要目的？就不存在其他目的吗？简单的工程记录是否可以在我们所说的建筑现实中发生改变？建筑，无论怎样，都是立体设计的简单反映，或者是一种我们所说的"工程进展"的结果或出路。曾经有一个时期不是这样的，那些建筑师们首先考虑的是建筑的实际性，然后才是建筑设计，如今，这样的关系并没有被颠倒。

结果就是，经过与实际情况的比较，建筑被马上以设计或者通过工程进展的形式表现出来。用来区分同一时代建筑特点的最好界限就是"直接性"。这就意味着建筑需要被直接迅

速地表现出来——简单的在面积上对设计的一种延展。建筑师们想要将他们的设计方案很好地延续下去，但如果这是最吸引人的目的，那么建筑就沦落为一种只是沉浸在个人世界中的梦想了。直接性改变了建筑师们的意图，也使得个人判定假定性的标准发生了变化。建筑已经失去了与现实社会的联系，结果就是变为了个人世界的产物。

但是，建筑可以是一个独立的个人世界的产物吗？它可以只受个人意识的主宰吗？建筑师们可能很羡慕那些可以沉醉在自己世界里的艺术家们，但是现实情况是不同的。他们的工作，在我看来，应该是由很多部分组成的，或者至少不应该仅仅局限于个人意识中。建筑意味着与大众的一种融合，从开始建造的那一刻起，直到完工的那一刻止。但是，我们却继续这样简单地在地面上建造着，因为公共土地与个人土地的界限从没有像现在这样不清晰过。当建筑在城市中被建造起来后，它们会传达出"公众"的信息。城市展示了建筑作为城市基础设施的必要性，它们可以有力地支撑一个城市。不同类型的建筑，或者我们所居住的建筑，如果可以很好地表现一个建筑师和他的作品，那么为了服务一个客观的物质世界，是非常有必要的。总之，我不认为我们可以称建筑师为艺术家，我们将纪律和经验混淆了，创造出了不为人所熟悉的物体。

我们知道一个特定的演讲是不可能对建筑进行解释的，但是我们可以重新认识到作为建筑师必须接受的这些理论、将它们运用到建筑体系中，并加入自己本身的创造意识。在某段时间里，建筑师也做了建造者的工作，以便向其他建筑师解释如何建造。知识，或者说是一种建筑理论，对于每一个建筑师来说都是具有内涵意义的。关于建筑规则的知识本就该是如此深奥的，应与建筑师的创造思想相一致。理论是强加在人们的接受底线上的，而且正是这些理论使建筑的表现力更加明显。反过来，正是理论的稳定性赋予了建筑师忘记理论表现的可能性。现在，对于那些理论，要感谢理论的稳定性，才能让它们在建筑工程中感觉像消失不见了一样，而且是用一些新的东西来替代它们。建筑师们在过去既是建筑师又是建造者，如果没有现在这样的分工，那么形式上的创造就是一个包含另一个的对于建筑的创造。建筑通常是用于展示"独裁"的一种方式。换句话说，形态上的"独裁"在建筑上已经自我分裂。如今，在建筑本身上就能很明显地看出形态上的"独裁"，将建筑与设计脱离开来。但是，当这样的"独裁"变得如此清晰可见时，这栋建筑也就死了，消失不见了，我把这当作是建筑所有特点中最珍贵的一部分。

这样的一种态度是以建筑来付账的，因为很多花销本身所表现出的是一幅易碎的图像和一种想象。这是由"直接性"导致的一个很自然的结果。奇怪的是，在现代没有发生针对建筑的运动，以便使这样的"直接性"不能够得到应用。如果我们能够考虑到理论知识，或者社会的客观性，那么现代的建筑师们就会对理论知识和建筑项目都给予关注。虽然他们的建筑没能成功地解决理论和实际项目之间的问题，但是他们可以强制性地将两者混合在一起，这样他们的建筑就不能被总结为具有"直接性"的特点。无论如何，对于建筑的想法总会包含外部世界的知识，这可以使整体显得更加有力量。但是如今，如果与外部世界相脱节，那么只能停留在对于建筑的简单幻想中，只能被已经画好了的图纸所控制。

如果可以推论出建筑在未来将会失去在过去所具备的持续性，就如同昙花一现一样，那么先抛开建筑材料不说，就可以解释为何我们的建筑如此脆弱。建筑已经与昙花一现联系到一起了，这不是建筑材料的问题，而是建筑本身的问题。这样的情况就向我们提出了一些问题：在现在的建筑上我们也要花费与过去同样多的时间吗？在建造的同时有没有感觉这些工程是易坏的，它们再也不能被建造得像过去一样坚固了？我认为这些问题一定会被积极地回答，我们也能够去反对这样的倾向，即我们觉得还是对过去的建筑情形感到比较满意。在过去，建筑意味着一项非常重要的投资，意味着拥有很高的质量。建筑能维持多久的原则，几乎就等同于经济原则。材料应该保证尽可能地延长建筑的使用寿命。一栋建筑在当初被建造的时候是被考虑将永久存在的，或者不会被考虑到某一天它将消失不见。但是现在，这样的情况已经被改变了。虽然我们努力去做，但是现在还是与过去的传统建筑有一定差距了。尽管我们尽量做到尊重过去，可能通过无意识的方式，但是我们知道现在的建筑不可能再如过去那般坚固了。虽然我们拒绝这样的想法，但是现实情况已经侵犯了我们的建筑，并且已经令我们感觉到了"昙花一现"的趋势。一个建筑是"昙花一现"的，可以说这也是马上就会发生的事情。如果说在过去建筑是对现实的一种假设，那么现在它就是对假设的一种假

设。在过去，建筑的骄傲之处就是能将假设变为现实，因为建造一栋建筑要包含想象形态和建筑形态的连续性，而只有建筑形态是存在的唯一事实。它们曾是通过具体行为而表现出来的意识形态，通过独立的转化变为现实。现在，建筑的现实情况就是丢掉了它们与最初基础的联系，只是简单地对假设进行假设。针对建筑的现实情况，我们应该重新认识对于未来的一些想法的合理体现。直接性就应该是建筑角色转变后产生的自然结果。

我不知道此时此刻是不是一个讨论如此重要话题的合适时机，但是在我看来，这些讨论本就应该在学校进行，我很想和对此话题感兴趣的学生们一起探讨这些问题。我很愿意回答我提出的问题。建筑师们本就该做好有关建筑的事情，他们的工作是很有内涵的，他们的工作是组建完整的现实。在这样的情况下，直接性和幻想都是不可能的。这些都通过建筑这面镜子表现了出来。他们应该在计划执行中重新认识这一问题，为了最大程度地保证建筑的现实性。

建筑师们通过这种被限制的工作改变他们的工作方式，对他们所拥有的真正权利变得更加有意识，不会因为其他的不利因素阻碍而放弃建筑的建造。那种可以充分理解建筑内在含义的能力是鉴别建筑表现的唯一性和自主性的差别的关键。同时，我认为建筑设计和模式对在学校开展关于建筑的讨论提供了必不可少的支持，所以需要鼓励学生们去尽可能地理解关于建筑的建造意图和建造过程。我希望能够在学生们学习建筑设计的初期陪伴他们，并一直协助他们直到成为出色的建筑师。我们生活在

一个不连续的世界里，到处充满着不确定性，正如柯布教授喜欢说的一样——当建筑师们没有注意到自己的要求和意图时，他们就会觉得在多变的社会中缺少了自我防御。无论如何，一个建筑师面对的第一个情况就是如何选择和发展与自己职业相一致的批判意识，这与建筑本身传达的信息相一致。

在我看来，在今天，一个建筑项目的开始表明的是与历史的一种亲近性，一种不再仅仅是形态或是风格的历史，而是简单的对建筑的进化，以及为建筑师们的建造方式提供材料。

但是，为什么我一直坚持说建筑既不是一个工程的结果，也不是一张设计图纸的物质体现呢？换句话说，为什么我坚持说建筑不是属于建筑师的私有产物呢？首先是我相信建筑表现会马上消失，建筑会去完成它们被赋予的历史责任。建筑师承受了建造建筑的所有困难：这些成品在一开始的时候就反映了我们的意图，表达了我们的愿望，表现了我们在学校中所讨论的那些问题。有的时候，我们看着我们的建筑就仿佛在看着一面镜子，通过它们，我们重新认识了我们是谁和我们曾经是谁。我们试图去想象这些建筑是对我们自己的一种肯定——将想法变为了现实。但是今天，我很确定的是，一旦建筑被最终确定，那么它们就将承担着它们的责任，扮演着它们的角色，所有建筑师曾经赋予它们或是强加给它们的东西都消失不见了。这样的一个时刻到来了，建筑不需要任何形式的保护，包括来自建筑师的或是来自其他方面的。最后，只有那些暗示建筑历史意义和向人们解释它们如何担负责任的这些事件会保留下来。

建筑应该是被单独建造的，没有更多的带有争议性的肯定，也没有更多的厌恶之感。它们要求一个最终的条件，并且永远保持这样的状态。我热衷于看到建筑处于最真实的条件之下，过着本应该有的生活。但是，不管怎样我都不相信建筑师仅仅是我们在讨论建筑的时候才会想到的人物。我倾向于说当建筑作为单独的物体时，建筑师就是呼吸所需的空气。

在我们的工程中这些应该被考虑吗？我想是应该的。因为当建筑师将建筑视为主宰他们生活的物体的时候，在与具体项目接近后，这一想法彻底地发生了改变。我们个人的担忧是其次的，建筑的最终结果才是工作中真正重要的东西。这样的态度能够保持我们与建筑之间的必要距离。

从艺术层面上来看，建筑师最具争议的一点就是艺术与作品之间的差距。对于一个壁画家，或者一个雕刻家来说，直接在画布上或者墙壁上留下印记之后，他们就会不可避免地与自己的作品联系起来。但是，这样的事情不会发生在建筑师身上。在我们的工作中，建造工程会把我们自然的分开，这样的距离会一直存在。当我们的思想开始要通过一个工程变为物质实体的时候，保持这样的距离可以重新认识建筑的现实情况，同时，这也是开始一个工程的前提条件。建造使我们和作品之间存在着距离，以使我们的作品在最后保持独立。我们的喜爱来源于对这种距离的体验，我们的想法也许会被现实改造得不再属于我们，而一个成功的建造工程是可以忽略它的设计者的。

在工程中真的存在我向你们展示的这些现象吗？我想它们是陪伴了我的整个工作过程

的。我一直都坚持当陶瓷被用在城市建筑中的时候，应该给这个建筑应有的光彩，通过这样的方式，建立它们与别墅之间的一种自然的关系。当我计划建造市政府大楼的时候，我就打算要让它反射城市的光芒。我希望罗马帝国还存在，因为罗马这个城市已经失去了它应有的回忆。

作者：拉斐尔·莫尼欧，"建筑的独立性"，出自《建筑的独立性和其他作品》，Allemandi 出版，2004年，147~160页。

图片

知识的自觉性和必要性

约瑟夫·奎特格拉斯
建筑的时代造型

人的一辈子会经历很多的思想行为。谁跟随和对照这些思想行为，谁就会发现奇怪的现象。这些奇怪的现象是属于我们在任何地方都可以发现的被电码编译好的书面的东西：关于鸟类的翅膀；鸡蛋的外壳；云彩和雪；水晶和岩石的组成；水结成冰；山、植物、动物和人类内部和外部的组织结构；天空的行星；沥青和玻璃薄板，在我们摩擦它们的表面后再去触摸它们的质感；磁铁周围的磁场；事物之间奇怪的联系。它们是我们猜测书面表达和语法的关键，但是这样的预示并没有变成一个最终的形式……

困难和自负不仅在敢于通过解释说明去理解作品的方式中产生，而且也在敢于通过语言来执行操作的试验中产生。在其他的许多情况下，就像我，有时还需要补充一下：由拉斐尔·莫尼欧在20世纪60和70年代在巴塞罗那大学建筑系提出的并且在我们之中广为流传的理论。正是他将这些语言包装了起来。也许我们已经准备好去挖掘任何的作品了，除了那些我们已经置身其中的或者已经将我们涵盖在内的。我想说的是，一个建筑师应该教授和培养学生获取建造过程中重要信息的能力，这一点是相当重要的。通过这样的方式，学生能够理解建筑。但是，我们每个人都有一些不确定的方法，比如不纯的、平庸的、不规则的、受阻碍的、不是流传下来的、不是有效的，等等。我们利用了那些我们认为的在理解了拉斐尔·

莫尼欧后所表达出来的想法。除此之外，我们还利用了所谓的"最后的谬论"：他们所说的和所写的一切，表示他们会雇用所有的追随者，这取决于不断推迟的和进展缓慢的准备过程。正是这样，在如此强大的寓言正在改变我们的生活的时候，我们都是根据以后有一天可以谈论拉斐尔·莫尼欧来制定自己的学习方向和规范自己的学习行为的。

终究有一天我将会描写一下拉斐尔·莫尼欧，但那不是现在。在现在这样的时刻，我只是具备了一些不连贯的思路和一些描写的片段，有一些是非常可信的，那是从他的书面作品或者演讲中提取出来的。有一天，我想将所有的这些都变成他完整作品描述的一部分，但是现在，我还不能拿出可信的描述，从长久来看也没有。它们停留在有广阔空白空间的项目里，对于整个项目我也不知道该说什么。那些我已经收集起来的片段，在一般情况下，传递的是时代的信息。我相信领会拉斐尔·莫尼欧建筑理念的形成是理解他的最好基础，因为我认为他的建筑理念展示出了一种与其他建筑师不同的暂存性。这是他的具体特征，对于这一点，莫尼欧自己曾经明确地解释过并且向我们描述过。

无论是罗西还是莫尼欧，他们的建筑形式只有在经历了时代的暴风骤雨的阻扰之后，才能够变得稳固坚定，才能够在过去和未来的流域中自由流淌。玛格丽特·杜拉斯曾经在小说《抵挡太平洋的堤坝》中描写过一位母亲，她为了使耕地免受潮水之害而修筑抵挡太平洋的堤坝，但一切辛苦全部枉费，堤坝仍被冲毁。

假如让拉斐尔·莫尼欧就此提一个建议的话，为了预防这样的事情发生，他会建议不要试图去改变它，而是要整体考虑，即在建造过程中注重材料的构成和使用。

拉斐尔·莫尼欧的一些项目计划还在"跳舞"中，有一些正位于"仪式队伍"中。

那些还在"跳舞"中的计划开创了一个时代和一个空间，这只取决于它们的主要部分，并且它们是利用"舞者"的概念作为衡量尺度的起源和参考。这个主要部分不是为了进入一种坐标体系，而是为了能够在第一时间及时地从自身新的部分的爆发中抽离出来。建筑画面的设计效果和它的短暂性永远只能充当最初的印象，Bankinter银行项目和市政厅项目得以修建正是得益于这一点。它们是以平面设计为基础的，并且包含了对角线设计。对角线就是那条可以活动的线。无论在哪种"舞蹈"中，动作的幅度和形式都集中体现了尽可能多的对角线。

但是还有一些拉斐尔·莫尼欧的项目计划正位于"仪式队伍"中。这个队伍不是一个"缓慢的，没有方向的，并且独自表演的队伍"，与之完全相反的是，这个队伍需要时间——不是创造它，也不是分离它——积累它和记录它。如果没有这个"仪式队伍"，那么时间只是在一个不可见的过程中流失着。

正如一架鼓的鼓皮一样，这个"仪式队伍"体现的不仅仅是它自己的敲打声，它还将这样的敲打声放大并且赋予它更多的含义。这个"仪式队伍"在行进过程中协调了两种短暂性，这正是令人感到兴奋的地方。在这样一个

偶然的、短暂的、冒险的时代，拉斐尔·莫尼欧的一些项目计划是可"听见"的，因为在它们的内部，就像在鼓的内部一样，是可以发出那种低沉的敲打的声音的。

在斯德哥尔摩，莫尼欧在项目的大厅中展示了"不是仪式队伍而是迷宫"的一种理论。"城市建筑基础的不连贯性表现在建筑上。"通过描述这样一个项目，莫尼欧提议，在斯德哥尔摩的博物馆和在巴塞罗那的对角线大道建筑群项目之间，对两个城市的不同的光照情况进行对比。"在巴塞罗那，我努力地捕捉横向的短暂的光线。"在那里，建筑的后退产生了或者延长了岩槽的阴影。同样的方法也被索尔·勒维特应用在铁制栏杆的设计上，而附着在浅浮雕表面上的阴影与附着在磨光的不透明石头上的阴影之间总是会存在着些许的区别。在斯德哥尔摩，光线的持续时间很长。这里的项目计划其实是与轮廓有关的一项工作。博物馆被视为一个建筑群，在太阳落山后，总是被笼罩在一种神秘的光线下——从客观主体的阴影中散发出来的光线。

从时间角度来说，在太阳从地平线消失后出现的光线，是不可以被计算的。另外一种照明是用来展示那些不能被计算的、不愿意被长久安放的，或者被包含在暂时的协调之中的客观主体。但是这些客观主体却能够丰富我们的经验，那是在现在吗？

我们需要通过多种不同的描述来了解拉斐尔·莫尼欧的建筑设计的深度，以便分析我们的时代行为和提出建议吗？描述莫尼欧的方式只适合于莫尼欧，描述其他建筑师的方式也同

样只适合于其他建筑师，比如文丘里和盖里，这就好像是马路的两侧一样。

不为人知的语言的消极性与建筑本身固有的自然性相符合，抛开修辞不说，将建造"艺术工程"的想法放到一边才有可能体现出公共建筑本身的自然性。乔格比压缩了建造的时间是为了给我们提供一个如同没有终点的唯一时刻，我们所谈论的是进程的终点，是约定好的时间的终点，就如同日历的发展一样，是相同节奏时间的终点。

博学的考古学家们在我们这个时代挖掘化石：当他们发现我们正处于地表的灾难之中时，他们并不为我们感到难过。我也参与了由桑切斯·费洛西奥编剧、艾里斯拍摄、加西亚·卡尔瓦讲述、洛佩兹·加西亚推广、拉斐尔·莫尼欧创作的作品。你们了解我们是通过自己本身，你们嫉妒我们是因为我们参与了他们的时代。

作者：约瑟夫·奎特格拉斯，"舞蹈和行进：拉斐尔·莫尼欧建筑的时代造型"，出自《拉斐尔·莫尼欧1990~1994》，《建筑素描》杂志专题号，27~45页（由安东娜拉·博格敏翻译）。

乔瓦尼·雷奥尼
拉斐尔·莫尼欧：建筑就是建筑

在当代世界里，莫尼欧在文章"关于想法的持久性和建筑材料"中，提到了很多压力、经济和文化方面的问题，目的是为建筑师们提供抽象的回答。建筑项目总是不可避免地会受到思想体系的影响，但是，建筑又不能被简单地表现为一个想法，它需要一个物质方面的体现过程。这样的一个过程是通过建筑形式最密集化的表现来实现的，而且还包含了理论的提出。建筑的独立性并不是由建筑自身实现的，而是通过将设计转化为现实才能得以体现。毫无疑问，正如我们讨论过的，莫尼欧提出了一个当代建筑具有的非常明显的特征，那就是如果无法表现现实，或者无法从对项目的描述中脱离开来，那么在大众的思想中这可能是最不受欢迎的建筑。莫尼欧还曾经提到过，"如今的许多建筑师创造出了很多方法或者掌握了很多的设计技巧和理论，但是却缺乏对建筑与现实之间关系的认识，他们不认为设计仅仅是一个用来控制的工具。实际上，建筑确实是一种对现实的完整体现，包含很多不同的表现意义"，能够通过多重镜子反映自己本身的就是建筑。

莫尼欧所说的客观目标是指应该好好考虑那些反对意见，对于建筑来说，它们是一种由集体方法总结出的理论经验，如果没有交流或者描述，那么它们就会停止。对于一个有用的谬论来说，它并不是仅仅简单地由知道和接受组成的，甚至也不是勉强为了当代建筑而产生的，建筑一旦被建造出来就被赋予了一种不确定的生活，因为有关建筑未来生活的计划是不可控制的。与建筑相关的最后一个任务就是在这种生活准备开始的时候对建筑进行一次总结：创造与建筑不可分割的条件，而不仅仅是一种形式上的体现，那是很脆弱的并且容易被摧毁。很显然，对于一栋建筑的生活计划的重新理解是不可计划的和不可控制的，它具有及时性和自发性；它可以只通过逐渐建立起的建筑规则来添加，然后占据主导优势。一栋建筑的客观的完整的逻辑最终会使设计者失去统治地位。这并不意味着需要更少的计划，相反，应该是需要更多的计划，需要在每个方面和每个细节都非常周全的控制能力非常强的计划，以便保证工作的顺利完成。所以，随着建造过程的慢慢展开，一个被安排好的计划在它变为建筑中一个美丽部分后将逐渐消退。建筑包含了我们与作品之间的一种距离，最后，只有作品保留了下来，因为它有足够的能力支持自己的自然体现。而我们所喜欢的正是这种距离带来的实际经验，这在当我们看到自己的考虑和想法最终变成了不再受我们控制的现实的时候表现得更为明显。

根据莫尼欧的想法，为了将建筑最终变为现实的客观主体，在具有很好控制能力的计划中最有趣的一点就是反复思考，即思考建筑设计和建筑实际之间的关系。恢复理想设计与建筑设计之间丢失的连贯性是有必要的。在目前的实际设计中，语言是最重要的。在过去，莫尼欧曾经提到过，"一个含蓄的设计，在被设计出来之前，就要考虑很多的建筑标准规范。只是在最近，可能是一些参加运动的建筑师们，在图解印象和建筑感知之间的关联性方面开始出现了不协调的现象"。很显然，恢复连贯性是不能单纯依靠设计者和建造者之间的简单联系的，那是在学校或者学院里学到的，这样的联系不应该仅仅建立在自然的经济关系之

上，同时也应建立在一种对建筑感知的共同分享之上。"建筑师们应该接受这些理论并且运用建筑体系来使项目工程开始运作。传统观点认为，作为一个设计者就包含了要成为一个建筑师的必要性，这样就意味着可以向其他人解释该如何建造。建筑理论知识（当它本身还不是很成熟的时候）总是包含了将建筑实现的想法。"建筑经常被当作世界的一部分，人们信任它，也可能将它视为与建筑规则唯一相符的消极行为——不是在形式上消极，不是在建筑上消极，不是在表现上消极，而是那些对建筑的尝试。建筑是对于现实的一种交待，是相对于设计者个人主义的一种消极行为，最终，它还是以实物的形式存在。

作者：乔瓦尼·雷奥尼，"拉斐尔·莫尼欧：建筑就是建筑"，出自Area杂志专题号，2003年，6~31页。

丹尼埃尔·维塔勒
对《建筑的独立性和其他作品》的介绍

给予人类的时间就这样毫无预兆地快速流逝了。最容易破碎的是他们的记忆，就因为这一点，他们擅长对大的事件用具体的实物来标注，也是因为这一点，他们通过建筑等具有稳定性的物体来加固。他们只是通过对与脑海中的记忆相符的事物的想象，跨过事物的多变性后将其固定在一幅画面上，只有这样才能找到一个让其永存的方法并且能得到大家的认可。唯一性是建筑的必然命运：因为它的产生就是

为了与具体需要相符合，赋予其用来进行身份识别的因素。这一点还解释了它与时代之间的关联性。城市和风景都在它们的时代慢慢形成和生长，但同时，它们也通过让时代静止的方式表现自己。在实体和在表现出来的形式上，它们内部的深度就是对时代和传承的最神秘的共鸣，而建筑就是这种共鸣的一部分。

在当代，很少有建筑师能像拉斐尔·莫尼欧一样深刻地认识到了这些惯例，也很少有人在意现实情况已经陷入了历史经验的圈套中。在考虑科尔多瓦清真寺的转换的时候，涉及的是建筑的活力，也是在人类安排下的命运。在他的言论中又再次提起了对于约翰·拉斯金和关于他的"记忆的灯"的回应。每一个建筑都不能摆脱作为实物和隐喻的宿命，是转形，是适应，是重新建造的客观目的。但是，如果它建立在明确的原则上，是一种理想的渗透，那么它就有能力保存自身的统一性，就算整个连续性发生了变化，它还是可以被重新认出的。

这就是建筑的基本实质，与逻辑体系和形式一起决定了其变化，保持了与连续性的一致性。每一个建筑，每一个城市的建筑，都是存在于一种从属方案中以及已经介入的改变的形式中，存在于一种组织和外在事件之中。它们被以不同的方式描述出来，在这里提出的是在创作灵感上和主题上的不同，在时代和机会上的不同，但都围绕在一个源于工作和年代的丰富想法的中心思想周围：在它们今后的发展中，会用进步的方法来解决问题。这不是一本关于理论的书，因为在现在的条件下，理论是没有用的。这是对历史的一种反映，也是对世界利益的反映，由充满智慧的建筑师们总结，他们用勇于面对困难的眼睛来审视建筑。从内部编排来看，这是与建筑相联系的，书面的东西表达了它们的力度和强度。观察和沉思是有着强烈联系的，充满智慧的建筑是在一个客观世界中被建造出来的。与建筑创作的时代相比，在艺术创作和文学创作的时代，追求的是以完美为目的的学说性文集，是建立在封闭体系上的。但是在现代的条件下，通过比较和分析的能力，获得了新的空间，有助于完成思想的表达，直到成功扮演一个有助于实现工程的角色。

依据莫尼欧所描述的，在外加的反应和自身的反应中，在对工程和项目不同的延展中，我看见了对现代艺术和现代文学情况的反映，同时，也回归到了建筑的原始传统中。通过一种必要的辩证方法，话题的逻辑性和形式的逻辑性也应该被放到我们面前。这对建筑本身的形象表现来说是非常明智的，只有依靠使事物变得真实的形象表现才有可能使建筑变得更加接近本身。它没有在视觉上变弱，也没有在外部表现上达成一致：外形轮廓是体现深层现实和内部性质的必要途径。莱昂纳多相信形象的思想价值属于意识层面，是被眼睛支配和主宰的。而这不仅仅是设计或者壁画所体现出的一个简单想法，而是人类与世界之间关系的体现。

可以假设它是存在于建筑和人类生活之间的一个实际的差异，一个具有现代性的交替思想。在过去，人类为建筑所作的选择与社会组织和进步的选择都是相关的。建筑的独立性扮演着重要的角色，因为建筑就如同其他被人类建造的实物一样，一旦被建成，那么就从思想感情中，从一直伴随它们的热情中，从偶然性中，从计划中，以及从模式中分离出来了。它们一开始是诞生在被要求和被需要的基础上，在一个地方或者一个城市里，在一种紧张或者冲突的关系下。但是，那些冲突变得理想化并且从形式上固定了下来，最后留存下来的是那些客观事物和制成品。于是它们回归到短暂的安静中，在这里，事物可以很快找到一个属于它们的关系网，发现它们的不同和它们的一致，找到它们的敌人和它们的亲属。

但是建筑也有特点，它们由先前存在的因素组成，这些存在的因素就好像组成句子的单词一样。

"我用眼睛没有看到，话语就是我的眼睛。我们活在名字中，也就是没有名字的就是不存在的……"

这些词语都是从过去继承下来的，是认知世界和学习的基础工具，是用来了解事物意义的方法。文章是由词语构成的，一篇好的文章就取决于如何很好地运用词语。词语同样也有表达意义的作用，但是与文章相比，它所表达的意义范围还是狭窄的和有限的。同样的道理也适用于建筑。一块石头，无论是天然的或是加工后的，都蕴涵着自己的意义。但是当它们构成一面墙之后，意义就被更丰富化了，而且更加完整。石头本身无所谓好看或者难看，它的美丽来源于当它作为一个部分与其他石头一起组合起来并被运用在建筑中的时候。

拉斐尔·莫尼欧知道想表达的思想必须通过语言来表达，也知道没有产生的东西必须通过已经存在的东西来表达。他了解用为表现事物的组成部分和变化因素的价值，同时，他也了解形象和它本身所蕴涵的自然的价值和力量。

在拉斐尔·莫尼欧所写的一篇文章的开头部分，他认为"组成"就像是今天的拼图游戏一样，即通过熟练的技巧将所需要的因素全部拼凑起来，变成有规律的几何图形，然后变成精心准备的计划。拉斐尔·莫尼欧还含蓄地提到了一条不同的道路，在这条道路上，一个建筑的所有因素不只是服从于逻辑性，同时也被看作是一种理想的结构。在这条道路上，建筑以每个部分来衡量，虽然如此也能够获得足够丰富的经验。它将过去和现在联系起来，通过展示现实的存在和远古的事物，将自己放在世界创造者的位置上。

建筑不是通过持续的进步来建造的，而是通过与过去的联系和对比这种不连贯的关系来建造的。最后被建造出来的建筑可以从人类的经验中获得益处，并且通过横向对比产生共鸣和反响。建筑本身就是处于不同时间段的一个相互渗透的过程，它们共同存在，包括下一个和未来的，也包括过去的和现在的。

无论是对于单独的建筑和理论来说，还是对于一个合理规划和正常的逻辑性来说，实用可行的艺术和经验都是必不可少的。在所有因素的组成当中，关于材料的选择、关系的合理性以及象征性的数据都可以被呈现出来。任何有意义的因素都不可以从数据中和从表现形式的媒介中分离出去。建筑一直沿袭着从过去流传下来的属于它自身的自然性，揭示历史严重性和必要性的事件并没有被抹去。很确定的一点是，基础设备、理论、面积等都在改变，但是唯一没有改变的就是符号的力量以及它们可以将多种关系延续下去的能力。

作者：丹尼埃尔·维塔勒，向拉斐尔·莫尼欧介绍由安德烈·卡西拉奇和丹尼埃尔·维塔勒编写的《建筑的独立性和其他作品》（其中收集了拉斐尔·莫尼欧出版过的2卷杂文：第一卷是《围绕建筑的疑问》，1999年；第二卷是《关于建筑师和他们的工作》，2004年）。

参考书目

R. Moneo, *Contro la indiferencia como forma,* Ediciones ARQ, Santiago, Chile 1995.

R. Moneo, *La solitudine degli edifici e altri scritti. Questioni intorno all'architettura* (a cura di Andrea Casiraghi e Daniele Vitale), Umberto Allemandi, Torino, London 1999.

R. Moneo, *Inquietudine teorica e strategia progettuale nell'opera di otto architetti contemporanei*, Mondadori Electa, Milano 2005.

R. Moneo, *Frank Lloyd Wright: Memorial Masieri, Venecia*, Editorial Rueda, S.L., Madrid 2005 (con la collaborazione di Carmen Díez Medina e Valerio Canals Revilla).

Obras de Rafael Moneo, numero monografico "Hogar y Arquitectura", 76, 1968.

La obra arquitectónica de Rafael Moneo 1962-1974, numero monografico "Nueva Forma", 1975.

Josë Rafael Moneo, numero monografico "Boden", 1976.

Rafael Moneo, numero monografico "El Croquis", 20, 1985.

Rafael Moneo, numero monografico, "a+u", 227, 1989.

Rafael Moneo. 1986-1992. numero monografico "A&V Monografías de Arquitectura y Vivienda", 36, luglio-agosto 1992.

Rafael Moneo. Byggnsader Ochprojekt. 1973-1993, catalogo della mostra, Stoccolma 1993-1994

Rafael Moneo 1990-1994, numero monografico "El Croquis", 64, 1994.

E. Pinna, *Gli occhi della civetta. Impronte/ Tracks,* intervista, Electa, Milano, 1999.

Rafael Moneo. 1995-2000. numero monografico "El Croquis", 98, 2000.

Rafael Moneo, numero monografico "Area", 67, 2003.

Rafael Moneo. Obras recientes, numero monografico "Arkinka", 94, 2003.

F. Dal Co, *La Cattedrale di Nostra Signora Degli Angeli*, intervista, "Casabella", 712, 2003.

Rafael Moneo. 1967-2004. Antología de urgencia / Imperative anthology, numero monografico "El Croquis", 2004.

Rafael Moneo. Museoak Museos, Auditoriak Auditorios, Liburutegiak Bibliotecas, catalogo della mostra, Kubo-Artearen Kutxgunea, 2005.

El edificio del banco de España, catalogo della mostra, Madrid, 2006.

T. Vecci e A. Tartaglia, *Saper credere in architettura. Venti domande a Rafael Moneo*, intervista, CLEAN edizioni, 32, 2007.

图片鸣谢

Aeronor, Madrid: 65
Luis Asín, Madrid: 72 (in basso)
Javier Belzunce: 8-9
Dida Biggi, Venezia: 34, 32, 37
David Cardelús, Barcellona: 40, 94
Lluís Casals, Barcellona: 6, 35, 36, 98-99
José Manuel Cutillas, Medina: 58, 60
F.O.A.T., Bilbao: 39
Roland Halbe, Stoccarda: 18-19, 49, 67, 69, 76, 104
Hester + Hardaway Photographers, Fayetteville: 57
Timothy Hursley, Little Rock: 14-15, 106-107
Åke E:Son Lindman, Bromma: 31, 45, 100-101
Nícolas López: 48
Duccio Malagamba, Barcellona: copertina, 10-11,
12-13, 16-17, 20, 26-27, 41, 43, 44, 46-47, 51, 52,
52-53, 68 (a sinistra e a destra), 70, 72 (in alto), 73,
75, 77 (in alto e in basso), 102-103, 108-109, 110
© Ministerio de Cultura / Museo del Prado, Madrid:
64
Ana Muller, Madrid: 96-97
Luis Miguel Ramos: 62
Francisco Otañón: 22
Eugeni Pons, Girona: 105
Cesár San Román: 61
Pietro Savorelli, Bagno a Ripoli (FI): quarta
di copertina, 86
Aker Zvonkovic, Houston: 54, 56

Per tutti gli schizzi, i disegni e i renderings ove non
diversamente specificato, Studio Rafael Moneo.

L'Editore è a disposizione degli aventi diritto
per eventuali fonti iconografiche non individuate

后　记

　　本书的编写离不开以下人员的参与，正是
有了他们的支持和帮助，才使得本书最终顺利
完成翻译：
　　杨海祥、李娜、石莹、陈坚、张月明、李
峥、路明、王觉眠、何珊